Walter Mülich

Westerbeverstedter Kessel - Ein eiszeitliches Zeugnis in Lunestedt

Zur Geologie im Landkreis Cuxhaven

GRIN Verlag

Bibliografische Information der Deutschen Nationalbibliothek:

Die Deutsche Bibliothek verzeichnet diese Publikation in der Deutschen National-
bibliografie; detaillierte bibliografische Daten sind im Internet über http://dnb.d-
nb.de/ abrufbar.

Impressum:

Copyright © 2010 GRIN Verlag, Open Publishing GmbH
Druck und Bindung: Books on Demand GmbH, Norderstedt Germany
ISBN: 978-3-640-86055-5

Dieses Buch bei GRIN:

http://www.grin.com/de/e-book/168597/westerbeverstedter-kessel-ein-eiszeitliches-
zeugnis-in-lunestedt

GRIN - Your knowledge has value

Der GRIN Verlag publiziert seit 1998 wissenschaftliche Arbeiten von Studenten, Hochschullehrern und anderen Akademikern als eBook und gedrucktes Buch. Die Verlagswebsite www.grin.com ist die ideale Plattform zur Veröffentlichung von Hausarbeiten, Abschlussarbeiten, wissenschaftlichen Aufsätzen, Dissertationen und Fachbüchern.

Besuchen Sie uns im Internet:

http://www.grin.com/

http://www.facebook.com/grincom

http://www.twitter.com/grin_com

Walter Mülich

Westerbeverstedter Kessel – Ein eiszeitliches Zeugnis in Lunestedt

Eine geologische Besonderheit Lunestedts ist der „Westerbeverstedter Kessel". In den drei-
ßiger Jahren des vorigen Jahrhunderts beschrieb der Geograph Ferdinand Dewers erstmals
diese kleine Hohlform in der heutigen Gemeinde Lunestedt und seither beschäftigten sich
Geographen und Geologen immer wieder mit der Frage, ob die Entstehung des Kessels der
letzten oder der vorletzten Eiszeit zuzuschreiben ist. Ihre Beantwortung gäbe Aufschluss
über das Alter dieses Relikts aus der Vorzeit, das möglicherweise 100.000 Jahre überschrei-
tet.

Umfeld und Lage

Der „Westerbeverstedter Kessel" befindet sich auf der flachwelligen Geest im Lunestedter
Ortsteil Westerbeverstedt (**Foto 1**) und gehört zu dem Grundstück der Landwirtsfamilie
Bock im Kreuzungsbereich der Straßen „Dorfstraße", „Am Geeren" und „Breslauer Straße".
In alten Verzeichnissen von Flurnamen heißt das Gebiet „Ole Soll" und ist mit alte Kuhle
oder Wasserloch zu übersetzen. Wasser sammelt sich jedoch nur in regenreichen Zeiten
(**Karte 1**). Die heute noch gut sichtbare Hohlform verfügt über einen Durchmesser von 150
– 200 m und ist ca. 3,80 m tief. Die Preußische Landesaufnahme von 1898 verzeichnete
noch eine Tiefe von 4,60 m.

Das Höhenniveau, siehe auch **Geländeschnitt 2**, des von Ost nach West abfallenden Geest-
rückens schwankt zwischen 12,7 m im Bardel, einem Mischwald von ca. 50 ha Größe, und
6,8 m im Reithorn, einem dem Moor vorgelagerten Endmoränenausläufer. Die Moor- und
Wiesenflächen zum nördlich verlaufenden Dohrener Bach erreichen eine Höhe von 2 m, das
Oberflächenniveau der südlich verlaufenden Lune fällt von 1 m auf 0,6 m.

Der „Westerbeverstedter Kessel" ergänzt das von einer reizvollen Abfolge sehr unterschied-
licher Geländeformen geprägte Lunestedter Landschaftsbild. Das 1968 aus den beiden ehemaligen Dörfern Freschluneberg und Westerbeverstedt gebildete Gemeindegebiet umfasst
insgesamt ca. 17,3 km². Die Wasserläufe der Lune und des Dohreners Bachs umschließen
eine Wald- und Heidelandschaft mit Moor- und Geestflächen und sind der Beverstedter
Geest zuzuordnen. Nördlich davon schließen sich die Geestflächen Bederkesas und südlich
die der Samtgemeinde Hagen an (**Karte 2, Geländeschnitt 2**).

Die Eiszeit und ihre Folgen

Ursächlich für die Ausformung des Landschaftsbildes ist die Eiszeit. Vor 2,6 Millionen Jahren begann dieser Pleistozän genannte Zeitraum, in dem sich die Temperaturen auf der Erde
mehrmals änderten. Es gab Kaltzeiten (Eiszeiten) und Warmzeiten. In Kaltzeiten lagen die
mittleren Temperaturen bis zu 10° C niedriger als heute. Die Niederschläge fielen in Nordeuropa vorwiegend als Schnee, der nicht mehr abtaute. Die Schneedecke wuchs allmählich
zu einer dicken Eisschicht an. In Nordeuropa erreichten die so entstandenen Gletscher eine
Stärke von bis zu 4 km Höhe. Sie schoben sich langsam in Richtung Süden vor und bedeck-
ten weite Teile Norddeutschlands. Zwischen 800.000 und 10.000 v. d. Z. sind mehrere sol-
cher Eisvorstöße bekannt. Auf ihrem Weg nach Süden „hobelten" die Gletscher über die
Landschaft. Dabei wurde tonnenweise Gestein aus dem Untergrund herausgebrochen, im Eis
eingefroren, zerstoßen und zerrieben. Sand, Ton und unterschiedlich großes Gestein wurde
so auf, im und unter dem Eis mitgeschleppt. In den Auftauphasen der warmen Zeitabschnitte
blieb das mitgeführte Material liegen.

Üblicherweise werden in Norddeutschland bis zu drei Eiszeiten (Glaziale), die nach den Flüssen Elster, Saale und Weichsel benannt werden, mit unterschiedlichen Stadien, Phasen und Staffeln und zwei dazwischen liegenden Warmzeiten (Interglaziale) unterschieden. Das im lokalen Zusammenhang wichtige Drenthe-Stadium ist dem Saaleglazial des Mittelpleistozäns zuzuordnen. Gletscher der letzten großen Kaltzeit, der Weichseleiszeit, erreichten das Elbe-Weser-Dreieck nicht mehr. Das Erscheinungsbild der gesamten norddeutschen Tieflandzone wurde von diesen Kaltzeiten geformt. Im Elbe-Weser-Dreieck und in der unmittelbaren Nachbarschaft Lunestedts finden sich hierfür zahlreiche Beispiele (siehe: **Tabelle des Quartärs in Norddeutschland und ausgewählte regionale Fundorte im Elbe-Weser-Dreieck**).

Die Gletscher hinterließen Grundmoränen, Endmoränen, Sander und Urstromtäler (glaziale Serie). Grundmoränen bestehen aus sandigem, fein zerriebenem lehmigen Material, das die Gletscher am Untergrund mitgeführt haben. Beim Abtauen des Eises blieb es unsortiert liegen. Endmoränen sind Hügel, die das vorrückende Eis wallartig aufgeschoben oder aufgeschüttet hat. Sie markieren die ehemalige Eisgrenze. Bezogen auf Lunestedt ist der Reithorn als Beispiel zu nennen. Die Sander bestehen überwiegend aus Sand und Kies, der durch Schmelzwasser vor dem Eisrand abgelagert wurde. Ein derartiges Sandvorkommen wird noch heute in der am westlichen Ortsrand gelegenen Sandentnahmestelle ausgebeutet. Das Schmelzwasser sammelte sich anschließend in flachen, viele Kilometer breiten Tälern, den Urstromtälern. Die Lune und der Dohrener Bach gehören zum Gebiet des Weser-Urstromtals.

Der Ursprung des im Elbe-Weser-Dreieck vorzufindenden Materials ist unterschiedlich. Die Gesteine der Vorstöße der ältesten Eiszeit entstammen größtenteils dem Gebiet des Oslo Fjords, spätere Ablagerungen können überwiegend Mittelschweden und der Region der Åland-Inseln zugeordnet werden.

Steine und Gesteinsbrocken erreichen oft eine Größe von mehr als einem Kubikmeter. Findlinge wie der 2,5 m lange und 1,75 m breite Opferstein in Hollen, der Findling im Hohensteinforst bei Midlum, der Graue Hengst bei Lehnstedt, der Große Stein am Hohen Berg bei Köhlen und viele andere Blöcke, die später als Steingräber, Denkmäler und für Bauzwecke Verwendung fanden, belegen dies. Victor von Scheffel hat ihnen 1868 sogar ein eigenes Gedicht „Der erratische Block", gewidmet. Oft haben diese Findlinge zu Legenden und Mythen inspiriert. Ein regionales Beispiel ist die Sage um den nahe dem Bülter See gelegenen Drachenstein.

Zum Westerbeverstedter Kessel

Nach der Geologischen Übersichtskarte 3118, Hamburg-West, befindet sich die Westerbeverstedter Talform in dem ganz Lunestedt betreffenden Grenzbereich zwischen anstehendem Geschiebelehm, Geschiebemergel, Schluff und feinsandig bis kiesigen Sanden. Dies wird durch mehrere vom Landesamt für Bergbau, Energie und Geologie (LBEG) verzeichnete Bohrungen bestätigt. In Lunestedt wurde eine Tiefe von 239 m nachgewiesen. Die tiefste Bohrung der Region erreichte 1957 bei Wellen 1543,30 m. Hier werden die pleistozänen, also eiszeitlichen Schichten durchstoßen und gelangen nach umfangreichen Sand- und Kiesschichten zu Tonsteinen des Rhät, der jüngsten erdgeschichtlichen Epoche des über 200 Millionen Jahre alten Trias.

Direkt zum Westerbeverstedter Kessel liegen die Ergebnisse zweier spezieller Bodenuntersuchungen vor (Lade, Seite 58f.). Eine 12 m tiefe Bohrung erfolgte im Zentrum, eine weitere reichte bis auf halbe Höhe. Die erste Messung traf unter 1,60 m anstehenden Torf auf einen braunen, sandigen, schwach humosen Schluff, der bis 1,90 m reichte. Dann folgte bis 4 m unter teilweisem Kernverlust Mittel- bis Grobsand mit einer Lage gelben Tones. Die restlichen 8 m wurden insgesamt als Kernverlust verzeichnet. Die zweite Bohrung traf unter 1,30 m auf schwach kiesigen und mittelsandigen Grobsand, es folgen 0,35 m Feinsand und anschließend bis 4 m feinsandiger und grobsandiger Mittelsand. Die unteren zwei Meter wurden wieder als Kernverlust notiert. Die Tiefenangabe des Zentrums differiert um 70 cm zu den Angaben des LBEG (**Geländeschnitt 1**).

Nach den vorliegenden gesicherten Angaben gehört der gesamte Untergrund Lunestedts zu den im Rahmen des Drenthe-Stadiums vorstoßenden saaleeiszeitlichen Gletschern der Lamstedter Staffel. Die Datierung der eigentlichen Kesselbildung ist jedoch umstritten und wird entweder saale- oder weichseleiszeitlich angenommen.

Saaleeiszeit

Die ältere Saaleeiszeit hinterließ eine ausgeprägte Grundmoränenoberfläche, die aus einer Unmenge kleiner und größerer zum Teil steilgeböschter Hügel mit zahlreichen abflusslosen Wannen bestand. Zum Tier- und Pflanzenvorkommen liegen bislang nur wenige gesicherte Funde vor. Aus saalekaltzeitlichen Flussschottern lassen sich jedoch Rückschlüsse auf die Tierwelt ziehen. Für zwischenliegende Warmzeiten mit entsprechendem Eisrückzug sind Altmammut, Wollnashorn, Wildpferd, Elch, Auerochse, Wildschwein, Höhlenbär, Luchs, Ren und Rothirsch belegt. Pferdeknochen weisen auf eine mittelgroße Form des Wildpferdes hin, die anscheinend erst im Mittelpleistozän aus den asiatischen Steppen nach Mitteleuropa eingewandert ist. Die Mammutnahrung bestand vermutlich aus harten Gräsern, Moosen und Blättern bzw. ganzen Zweigen. Die Pflanzenreste ähneln der heutigen Arktisvegetation. Verlässliche Nachweise menschlicher Besiedlung aus diesem Zeitabschnitt finden sich im Elbe-Weser-Dreick nicht.

Die sich anschließende Eem-Warmzeit wird als „Klimaparadies" bezeichnet und führte in Nord- und Mitteleuropa zu einem geschlossenen Waldgebiet mit unterschiedlichen Epochen: Birken-Nadelwald-Zeit, Eichen-Mischwald-Zeit, Hainbuchen-Zeit und Fichten-Kiefern-Zeit. Das Flussnetz ähnelte in den später nicht mehr vereisten Gebieten bereits dem heutigen. Die Elbe floss wohl bereits durch das heutige Tal und mündete in eine breite Meeresbucht, die knapp bis Stade reichte.

Zumindest seit wärmeren, eisfreien Abschnitten könnten Altsteinmenschen im Gebiet des Landkreises Cuxhaven gelebt haben. Im Südosten der Stader Geest gibt es Funde von Neandertalersiedlungen. In Midlum konnten Feuersteingeräte weichseleiszeitlich gedeutet werden. Ihnen wird ein Alter von etwa 100.000 Jahren zugeschrieben.

Weichseleiszeit

Bei dem letzten Eisvorstoß der Weichselkaltzeit wird die Elbe nicht mehr überschritten. Die ständig gefrorenen Böden der Stader Geest, das gesamte Elbe-Weser-Dreieck wurden als Vorland des Inlandeises den Wirkungen dieses Klimas ausgesetzt. Zunächst muss nach dem Rückzug des saaleeiszeitlichen Drenthegletschers von einem recht starken Bodenabtrag ausgegangen werden. In die so vorgezeichneten Rinnen und Hohlformen setzten die Schmelzwässer ihre Ablagerungen und füllten sie zum Teil auf. Die Entwässerung erfolgte ab diesem Zeitraum durch das heutige Wesertal zur Nordsee. Drepte, Geeste und Lune fließen seither zur Weser.

In dieser letzten eiszeitlichen Phase zogen sich ab ca. 20.000 v. d. Z. die nördlich der Elbe stehenden letzten Gletscher nach Skandinavien zurück. Bis 8.000 v. d. Z. erwärmte sich das Klima, so dass sich das Gebiet des heutigen Landkreises von einer Eiswüste über eine baum-freie Tundra zu einer Landschaft mit Birken- und Kiefernwäldern entwickelte. Seit etwa 12.000 v. d. Z. durchstreiften Rentierjäger das Gebiet. Viele Relikte lassen das regelmäßige Auftreten der Menschen ab dieser Zeit als gesichert erscheinen. Als Fundstellen aus der Be-verstedter und Lunestedter Region sind mehrere steinzeitliche Hügelgräber im Westerbe-verstedter Klimpgrund, der bearbeitete Opferstein in Hollen und die aus der Bronzezeit stammenden Grabhügel in Frelsdorf sowie die Steinkiste in Heerstedt zu nennen. Zu den ältesten Lunestedter Funden gehören die Gefäße der im Kreisgebiet nur selten anzutreffen-den jungsteinzeitlichen Glockenbecherkultur aus dem Zeitraum von vor ca. 2.500 Jahren v. d. Z. (Stölting, Seite 13ff.; Schön, Seite 13ff., 195f.: Fundorte und Abbildungen).

Nacheiszeitliche Formenbildung

Die eiszeitliche Formenbildung, die periglazialen Veränderungen, die binnenländische Grundwassererhöhung und der nacheiszeitliche Meeresspiegelanstieg führten gleich mit Be-ginn des Holozäns zur Bildung von Seen und zu einer Versumpfung. Anschließend setzte eine Vermoorung niedrig gelegener Geestflächen und Flusstäler mit ihren Überschwem-mungs-bereichen ein. So finden sich noch heute einige Moorflächen in Lunestedt, größere Gebiete südlich in der Gemeinde Hollen, nördlich rings um den Bülter See und am Wol-lingster See. Aus diesen Niederungen ragen wie Inseln kleine zehn bis fünfzehn Meter hohe Geesthügel hervor, die früh besiedelt wurden. Eine alte Überlandstraße, die heutige B 71, verläuft auf solchen trockenen Geesthöhen und verbindet die Ortschaften.

Als eiszeitliche Reste birgt das gesamte Elbe-Weser-Dreieck nach wie vor riesige Sandvorräte. Überall auf der Geest, so auch in Lunestedt, lagern Schmelzwassersande von hellgrauer bis gelblich-bräunlicher Farbe. Die Korngröße wechselt rasch und unvermittelt. Fein- und Mittel-sande bilden den überwiegenden Anteil. Dazu kommen grober Sand und Kies. Die Mächtig-keit der verschiedenen Schichten beträgt zumeist mehr als 10 m. Allein im alten Landkreis Wesermünde wurden über 150 ständig oder zeitweilig betriebene Sandgruben gezählt. Ein Lunestedter Beispiel für die noch heute andauernde Nutzung ist die Sandentnahmestelle am Westrand der Gemarkung. Zulieferungen für Betonsteinwerke fanden und finden sich unter anderem in Taben, Loxstedt und Stubben, für Kalksandsteinwerke in Nordholz und Bremerha-ven. Tone und Lehme sind überwiegend im Westen und Süden des Landkreises Cuxhaven verbreitet. Von seiner einstigen Bedeutung zeugen etwa 20 ehemaligen Ziegeleien von Nord-holz bis Sandstedt.

Entstehung des Westerbeverstedter Kessels

Es befinden sich über 50 dem Westerbeverstedter Kessel vergleichbare abflusslose Becken und Täler allein im Gebiet zwischen Oste und Hamme. Die zeitliche und formentypische Bestimmung und Zuordnung schwankt zwischen einer Zuordnung zu Toteislöchern (Hage-dorn, Seite 39 ff., 75 f.; Seedorf, Seite 42) und schmelzwasserbedingten Strudellöchern (Strudelkolke) der Saaleszeit (Lundbeck, Seite 33). Andere Deutungen gehen von weichsel-eiszeitlichen Folgen in Form einer Bodeneisbildung, von Pingos (Schröder-Lanz, Seite 32) oder Windausblasungswannen aus. Im Rahmen des eiszeitlich bedingten Gesamtbildes wird die Entstehung des Westerbeverstedter Talform kontrovers diskutiert.

Am wahrscheinlichsten sind zwei mögliche Entstehungsformen: saaleeiszeitlich in Gestalt eines Toteiskessels oder weichselkaltzeitlich als Bodeneisbildung.

Toteiskessel

In den eiszeitlichen Schub- und Stauchmoränen wurden häufig kleinere und größere Klötze vom Gletscher abgetrennten, „toten" Eises mit eingearbeitet und unter Geröll, Schutt und anderem Geschiebematerial begraben. Wenn sie abtauten, entstanden durch Nachsacken über dem schwindenden Eis geschlossene, fast kreisrunde und trichterförmige Hohlformen (Kessel, Sölle, Toteislöcher). Bei größeren Toteismassen bildeten sich unregelmäßig geformte Wannen oder Kessel. Sie sind charakteristische Merkmale aller eiszeitlicher Ablagerungen, auch in Stauchungszonen im Bereich der Eisrandlagen. In vielen Fällen wurden diese Formen beim Wegtauen von Nachschüttsanden oder durch Vermoorung wieder aufgefüllt.

Bodeneisbildung

Eine andere spätere Hohlformbildung erfolgte als kryogene Kave, das heißt, sie geht auf Eisanreicherungen im Dauerfrostboden durch Aufwachsen und Schmelzen von Bodeneis zurück. Zur Zeit der Weichseleiszeit waren die Böden auch in dem eisfrei gebliebenen Gebiet zum Teil bis zu 100 m tief gefroren. Im Sommer taute eine obere Schicht auf, die derartig mit Wasser getränkt war, dass sie selbst an ganz schwach geneigten Hängen ins Fließen geriet und talwärts wanderte. Gleichzeitig bildeten sich im Untergrund Eislinsen. Derartiges Bodeneis fand sich häufig im Bereich älterer, weitgehend eingeebneter Endmoränen.

Bezogen auf den „Westerbeverstedter Kessel" gibt es für beide Entstehungsformen triftige Argumente.

Dewers, 1933; Seite 43f. ging zunächst von einer Windmulde aus, änderte aber auf Grund der Tiefe seine Auffassung: „Eine ähnliche Tiefe [3,90 m] ... hat eine ganz trocken liegende abflusslose Eintiefung ... bei Westerbeverstedt (nahe der Station Freschluneberg an der Bahnlinie Bremen – Wesermünde)." Seine vorsichtige Schlussfolgerung lautet: „Der heutige Stand unserer Kenntnisse zwingt uns also zu der Annahme, dass die tieferen (und vielleicht auch z.T. die flacheren) abflusslosen Eintiefungen wenigstens teilweise während der Saaleeiszeit entstanden sind ...". Jahre später wiederholte er seine Deutung und bekräftigte eine wahrscheinliche Bildung „durch übersandete und später wegtauende Toteisblöcke" (1941, Seite 154 f.).
Hagedorn, 1961, ordnete auf seiner Geomorphologischen Übersichtskarte den Westerbeverstedter Kessel den „abflusslosen Depressionen (Windmulden, Toteislöcher)" zu.
Schroeder-Lanz, 1964, Seite 17, 32, deutete den Westerbeverstedter Kessel als ein periglazial überformtes Toteisloch.
Seedorf, 1968, Seite 42, stimmte dem generell zu und vermutete eine Entstehung durch Nachsacken im weichen Boden mit späterer Auffüllung durch Nachschüttsande.
Garleff, 1968, Seite 106, hingegen bezeichnete die „Westerbeverstedter Hohlform" als „vermutlich kryogene Kave des Spätglazials", also weichseleiszeitlich.
Lade, 1980, Seite 58f. 63, 155, verneinte aufgrund des noch zu geringen Kenntnisstandes eine derartige eindeutige spätglaziale Zuordnung.

Zusammenfassung

Eine abschließende Betrachtung ist bislang nicht erfolgt. Festzuhalten bleibt, dass Lage, Form und Untergrund eine große Nähe zu den der Saaleeiszeit sicher zuzuordnenden Hohlformen aufweist. Somit könnte die Entstehung des „Westerbeverstedter Kessels" tatsächlich mehr als 100.000 Jahre zurückliegen. Einen gesicherten Beweis gibt es jedoch nicht.

Weiterführende Untersuchungen werden detailliertere Ergebnisse und genauere zeitliche Zuordnungen zutage treten lassen. Interessant wäre in diesem Zusammenhang eine zusammenfassende Auswertung der im Raum Lunestedt vorgenommenen Bohrungen. Wichtig wäre auch eine Berücksichtigung des bislang noch nicht erforschten flachen ovalen Kessels am „Reithornsweg", westlich der Siedlung „Am Sportplatz". Er trägt die Flurnamenbezeichnung „Krumm Soll", erstreckt sich ca. 250 m in ostwestlicher und 100 m in nordsüdlicher Richtung und erreicht eine Tiefe von 3 m. Durch intensive landwirtschaftliche Nutzung hat dieses Areal eine deutliche Einebnung erfahren, ist jedoch noch gut erkennbar.

Eine fachgerechte geologische Sicherung der Bodenverhältnisse wäre insgesamt wünschenswert, um diese Beispiele eiszeitlicher Formenbildung angesichts der umfassenden zurückliegenden und der noch anstehenden Umformungen des Landschaftspotentials Lunestedts zu dokumentieren.

Erhebliche Eingriffe in den Naturhaushalt der Gemeinde erfolgten zum Beispiel bei dem Bau der 1862 in Betrieb genommenen Bahnlinie Bremen – Bremerhaven, bei umfangreichen Sandentnahmen im Gebiet des „Reithornberg" oder bei der Sandentnahmestelle „Viehdamms Heide". Eine Ölleitung in Ost-West- Richtung und eine nordsüdliche Gasleitung durchqueren das Ortsgebiet. Die Gasleitung schneidet den Westerbeverstedter Kessel am östlichen Rand.

Weitere Eingriffe werden folgen. Zurzeit steht der Bau einer Autobahn (A 22) an, der entlang des Dohrener Baches die gesamte Landschaft weiträumig verändern wird. Der gegenwärtige Zustand (**Foto 2**, Sommer 2008) des Westerbeverstedter Kessels erscheint zunächst gesichert. Eine Inanspruchnahme erfolgt bislang lediglich durch eine schonende traditionelle landwirtschaftliche Nutzung als Weidefläche. Eine Änderung ist vorerst nicht anzunehmen. Nach dem derzeit rechtswirksamen Flächennutzungsplan Lunestedts grenzt der Kessel nördlich und östlich an ausgewiesenes Wohngebiet, westlich an klar begrenztes Dorfgebiet.

Wesentliche Planungsvorgaben sind in dem aus dem Jahre 2001 stammenden Ortsentwicklungsplan der Gemeinde Lunestedt vorgegeben. Hiernach sieht das Regionale Raumordnungsprogramm des Landkreises Cuxhaven (RROP) angrenzend an den Westerbeverstedter Kessel für den gesamten östlichen Ortsrand ein großräumiges „Gebiet mit besonderer Bedeutung für die Erholung" vor. Weiterhin sind in nördlicher und südlicher Richtung Areale „mit besonderer Bedeutung für die Wassergewinnung" und „Vorsorgegebiete für die Trinkwassergewinnung" ausgewiesen. Der Landschaftsrahmenplan des Landkreises (LRP) sieht perspektivisch einen angrenzenden „potentiellen Naturpark" vor.

Planungsvorgaben, Umsetzungen und Veränderung unterliegen politischen und wirtschaftlichen Fragestellungen. Innerhalb geologischer Dimensionen sind diese Gesichtspunkte nebensächlich. Die Entstehung des Westerbeverstedter Kessels umfasst weitgespanntere Zeiträume. Es handelt sich jedoch um eine herausragende geomorphologische Erscheinung, die einen Schutz und Erhalt rechtfertigt.

Literaturhinweise:

Bundesanstalt für Geowissenschaften und Rohstoffe (Hrg.): Geologische Übersichtskarte 1: 200 000, CC 3118, Hamburg-West, Hannover 1976

Ferdinand Dewers: Einige wesentliche Charakterzüge der nordwestdeutschen Diluvialmorphologie. In: Abhandlungen des Naturwissenschaftlichen Vereins zu Bremen, Band 29, Heft 1-2, 1934, Seite 33 - 47

ders.: Das Diluvium. In: **Karl Gripp, Ferdinand Dewers, Fritz Overbeck**: Das Känozoikum in Niedersachsen. Oldenburg 1942

Karsten Garleff: Geomorphologische Untersuchungen an geschlossenen Hohlformen ("Kaven") des niedersächsischen Tieflandes, Göttingen 1968 (= Göttinger Geographische Abhandlungen, Heft 44)

Gemeinde Lunestedt (Hrg.): Ortsentwicklungsplan Lunestedt (Verfasser Norbert Seidel), Oldenburg 2001, Seite 53

Horst Hagedorn: Morphologische Studien in den Geestgebieten zwischen Unterelbe und Unterweser, Göttingen 1961 (= Göttinger geographische Abhandlungen, Heft 26)

Heinrich Henrici: Geologie. In: Niedersächsisches Landesverwaltungsamt: Der Landkreis Wesermünde, Amtliche Kreisbeschreibung, Bremen 1968, Seite 24 - 34

Hans-Christoph Höfle: Die Geologie des Elbe-Weser-Winkels. In: Römisch-Germanisches Zentralmuseum Mainz (Hrg.): Führer zu vor- und frühgeschichtlichen Denkmälern, Band 29, Das Elbe-Weser-Dreieck I, Mainz 1976, Seite 30 - 41

Udo Lade: Quartärmorphologische und -geologische Untersuchungen in der Bremervörder-Wesermünder Geest, Würzburg 1980 (= Würzburger Geographische Arbeiten, Heft 50)

Landesamt für Bergbau, Energie und Geologie: Digitale Kartenserie Geologie, TK 25, Blatt-Nr.2518, Beverstedt, Koordinaten R=3484132, H=5922544. Internetautritt:http://memas01.lbeg.de/lucidamap/index.asp?THEMEGROUP=GEO

Landesvermessung und Geobasisinformation Niedersachsen (LGN): Niedersachsen / Bremen. Amtliche Topographische Karten (Digitale Kartenserie), Hannover 2003

Klaus-Dieter Meyer: Die geologische Entwicklung im Eiszeitalter. In: Hans-Jürgen Häßler: Ur- und Frühgeschichte in Niedersachsen, Hamburg 2002, Seite 24 – 37

Klaus-Dieter Meyer, Heinrich Schneekloth: Erläuterungen zu Blatt Neuenwalde Nr. 2318, Geologische Karte von Niedersachsen 1 : 25000, Hannover 1973

Willi Scharf: Der glazialmorphologische Charakter der Grundmoränenlandschaft östlich der Außenweser, längs der Geeste. In: Sitzungsber.d. Preußischen Geol. Landesanstalt in Berlin, Band 3, 1928, Seite 201 – 210

Matthias Schön: Vor- und Frühgeschichte in Lunestedt. In: Gemeinde Lunestedt (Hrg.): Lunestedt – ein Dorf im Landkreis Cuxhaven. Bremerhaven 1985, Seite 11 – 17

Hans-Heinrich Seedorf: Oberflächenformen. In: Niedersächsisches Landesverwaltungsamt: Der Landkreis Wesermünde, Amtliche Kreisbeschreibung, Bremen 1968, Seite 34 – 44

Hellmut Schroeder-Lanz: Morphologie des Estetales, Hamburg 1964 (= Hamburger Geogr. Studien, Heft 18)

Wilhelm Stölting: Ein Blick in die Vorzeit. In: Gemeinde Westerbeverstedt (Hrg.): Westerbeverstedt. 1100 Jahre Geschichte eines niedersächsischen Dorfes, Westerbeverstedt 1960, Seite 13 – 17

Foto 1: 1982 – Wolfgang Dieck, **Foto 2**: 2008 – Arnold Plesse

Hinweise und Ergänzungen bitte an

Walter Mülich, Mühlenstraße 25, 27616 Lunestedt
Telefon: 04748-1834, E-Mail: walter.muelich@t-online.de

Foto 1: Westerbeverstedter Kessel – Blickrichtung Südost 1982

< Breslauer Straße   Dorfstraße >

Karte 1: Westerbeverstedter Kessel, nach LBEG, Kartenserie Geologie
-------------- siehe hierzu **Geländeschnitt 1** (West – Ost)
➡ siehe **Foto 1**, Blickrichtung Südost; **Foto 2** ; Blickrichtung Nord

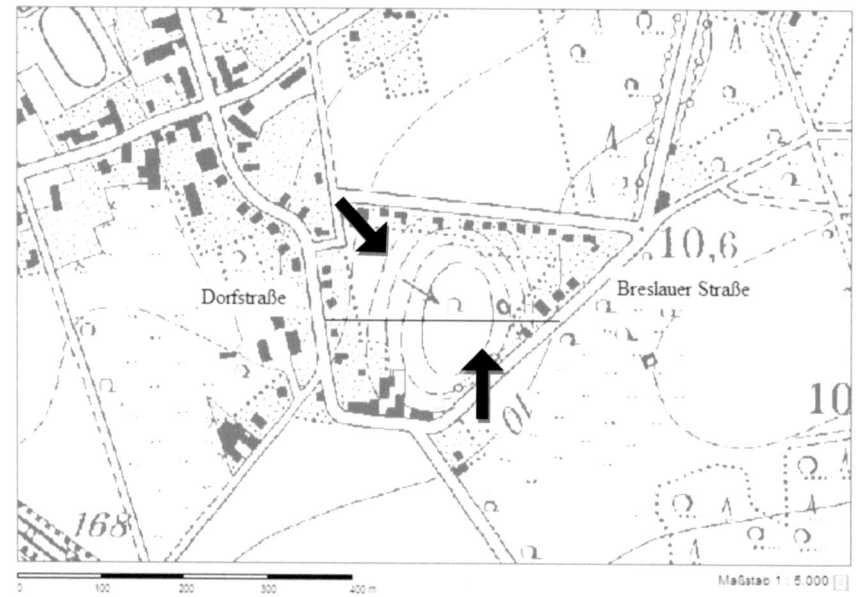

Karte 2: Lunestedt – Topographie des Untersuchungsraumes

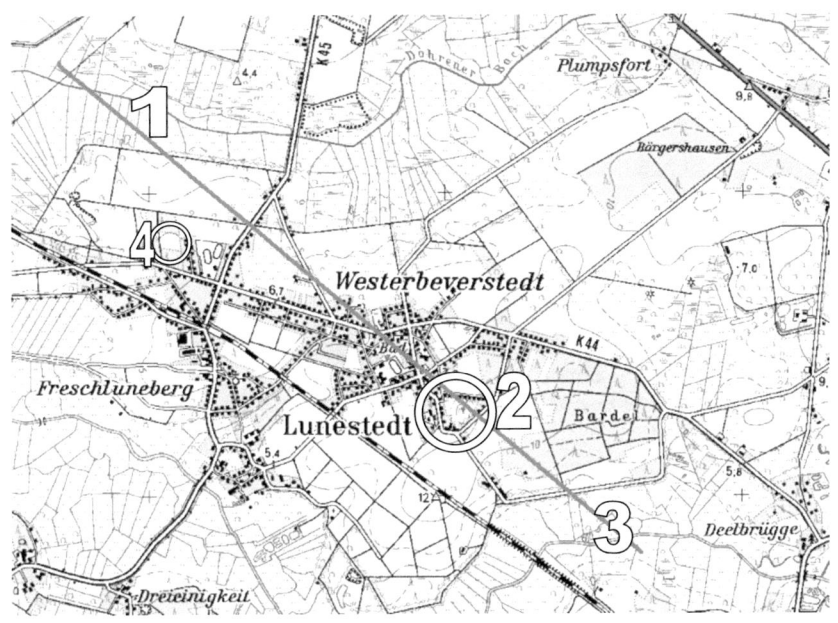

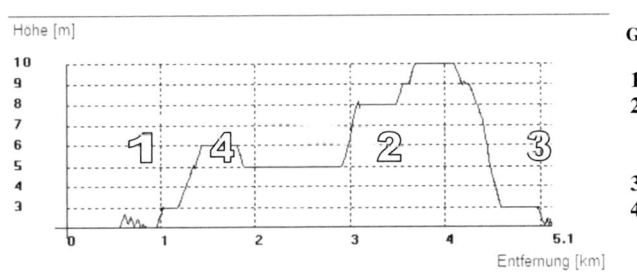

Geländeschnitt 2:

1 **Dohrener Bach**
2 **Wester-**
   beverstedter Kes-
   sel
3 **Lune**
4 **Krumm Soll**
   (benachbart)

(eigener Entwurf, stark überhöht, Kartengrundlage: LGN, 2003)

Tabelle des Quartärs in Norddeutschland
und ausgewählte regionale Fundorte im Elbe-Weser-Dreieck (eigene Zusammenstellung)

Tausend Jahre vor heute	Norddeutsches Tiefland und Beispiele regionaler Fundorte	
	Holozän	
-12		Beispiele: Moor- und Dünenbildungen an der Lune, westlich Lunestedts, bei Loxstedt, Dünenfähr und Düring
15	Jungpleistozän (Jungeiszeit)	**Weichseleiszeit** Obere Weichsel-Kaltzeit Mittlere Weichsel-Kaltzeit
70		Untere Wechselkaltzeit Beispiel: Talebenen des Teufelsmoors
113		**Eem-Interglazial** Beispiele in Otterndorf, Bederkesa, Oerel, Köhlen, Osterwanna
125	Mittelpleistozän (mittlere Eiszeit)	**Saaleeiszeit** Warthe-Stadium **Drenthe-Stadium** Hohe Lieth, Lamstedter Staffel
235		**Holstein-Interglazial** Beispiel: Ziegeleitongrube Nindorf, Sandgrube bei Krempel
250	Altpleistozän (Alteiszeit)	**Elster-Eiszeit** Geschiebelehm und Ton bei Kirchwistedt, Köhlen und westl. Bexhövede, Sandvorkommen bei Debstedt Cromer-Komplex
750		Bavel-Komplex
1000		Menap-Komplex
	Ältest-Pleistozän	Ältere Warm- und Kaltzeiten
1700		Bohrungen: Kaolinsande bei Bederkesa, Hohe Lieth

Quartär und Tertiär gehören zur geologischen Neuzeit und reichen bis in die Zeit von vor 65 Millionen Jahre. Zum Erdmittelalter, also der Zeitraum bis zu vor 275 Millionen Jahren, gehören die Epochen Kreide, Jura und Trias. Das Erdaltertum, das Paläozoikum, reicht vom Perm bis zum Kambrium von vor 580 Millionen Jahren. Der älteste Zeitraum trägt den Namen Azoikum, Erdurzeit (1,8 bis ca. 4,5 Mrd. Jahre). - Auf die Elbe-Weser-Region bezogen sind vorquartäre Ablagerungen in größerem Maße nur bei Stade (permische Sandsteine) und Hemmoor (Kreidemergel) an die Oberfläche gedrungen. In der Wingst und bei Lamstedt stehen tertiäre Tone an, bei Lesum, Lilienthal, Harsefeld und Stade liegen Permsalze dicht unter der Oberfläche. Unter der Samtgemeinde Beverstedt liegen in großer Tiefe Salzstöcke. Zechstein wird bei 750 m angenommen. Bis in das Silur, also in den Zeitraum vor mehr als 440 Millionen Jahren, führen die u.a. in Wellen vorgefundenen Kalkgeschiebe (ehemalige Mergelgrube im Forstort Wohld bei Gut Wellen).

Geländeschnitt 1 (siehe hierzu auch Karte 1)

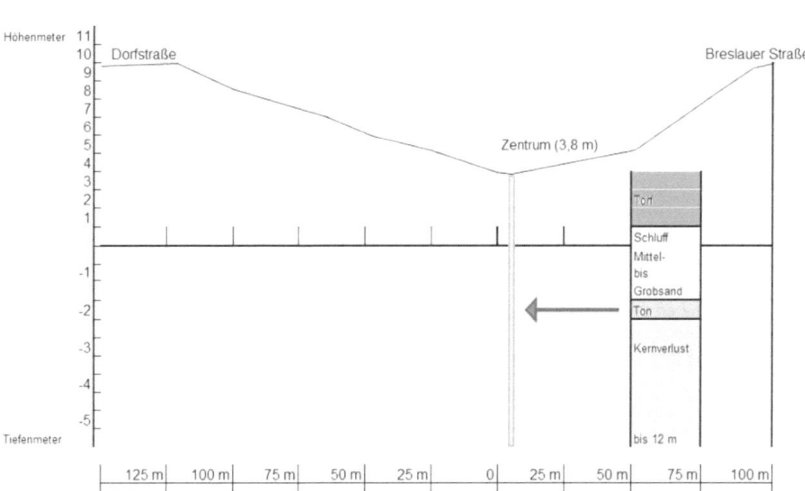

Schnitt: Westerbeverstedter Kessel

Eigener Entwurf, stark überhöht nach: Deutsche Grundkarte 1: 5000, Bohrung vor Ort (Lade, Seite 57 f.)

(West)   (Ost)

Höhenmeter

Dorfstraße   Breslauer Straße

Zentrum (3,8 m)

Torf

Schluff
Mittel-
bis
Grobsand
Ton

Kernverlust

Tiefenmeter   bis 12 m

Foto 2: Blick in Nordrichtung, Sommer 2008
(Verfasser deutet in Richtung des Kesselzentrums)

< Dorfstraße   Breslauer Straße >